BEI GRIN MACHT SICH IHR
WISSEN BEZAHLT

- Wir veröffentlichen Ihre Hausarbeit,
  Bachelor- und Masterarbeit

- Ihr eigenes eBook und Buch -
  weltweit in allen wichtigen Shops

- Verdienen Sie an jedem Verkauf

Jetzt bei www.GRIN.com hochladen
und kostenlos publizieren

Erik Breuer

Struktur und Ausblick der Energieversorgung Deutschlands

GRIN Verlag

Bibliografische Information der Deutschen Nationalbibliothek:

Die Deutsche Bibliothek verzeichnet diese Publikation in der Deutschen National-
bibliografie; detaillierte bibliografische Daten sind im Internet über http://dnb.d-
nb.de/ abrufbar.

Impressum:

Copyright © 2010 GRIN Verlag GmbH
Druck und Bindung: Books on Demand GmbH, Norderstedt Germany
ISBN: 978-3-656-45956-9

Dieses Buch bei GRIN:

http://www.grin.com/de/e-book/229685/struktur-und-ausblick-der-energieversor-
gung-deutschlands

GRIN - Your knowledge has value

Der GRIN Verlag publiziert seit 1998 wissenschaftliche Arbeiten von Studenten, Hochschullehrern und anderen Akademikern als eBook und gedrucktes Buch. Die Verlagswebsite www.grin.com ist die ideale Plattform zur Veröffentlichung von Hausarbeiten, Abschlussarbeiten, wissenschaftlichen Aufsätzen, Dissertationen und Fachbüchern.

Besuchen Sie uns im Internet:

http://www.grin.com/

http://www.facebook.com/grincom

http://www.twitter.com/grin_com

Struktur und Ausblick
der Energieversorgung Deutschlands

Inhaltsverzeichnis

1   Einleitung... 3

2   Übersicht des Themas.. 3

3   Bestimmung zum Vorkommen von Energierohstoffen........................ 4
3.1   Klassifizierung der Energieträger.. 4
3.2   Determinanten für den Energieverbrauch... 5

4   Bestandsaufnahme-Energieverbrauch und Importabhängigkeit in Deutschland. 6

5   Der Stromsektor... 8

6   Energierohstoffe- Zugangsproblematik... 10
6.1   Problematik der Rohstoffnutzung- Vorkommen- und Verbrauchsstruktur...... 11
6.2   Blick in die Zukunft.. 13

7   Fazit.. 13

Literaturverzeichnis 15

1   Einleitung

Ziel dieser Arbeit ist es die Problematik der aktuellen Energieversorgungsstruktur aufzuzeigen. Einführend soll eine kurze Zusammenfassung zur Übersicht der Energieversorgung Deutschlands und den entscheidenden Faktoren das Thema legitimieren. Es folgt die Vermittlung grundlegender Kenntnisse über Energierohstoffe und seine Vorkommen. Danach erfolgt eine Darstellung des aktuellen Energieverbrauch Deutschlands untergliedert nach verschiedenen Verbrauchergruppen und Energieträgern. Neben den fehlenden inländischen Rohstoffen resultiert daraus das Importvolumen für Energierohstoffe. Aufgrund seiner Sonderbedeutung bei der Energieversorgung wird der Stromsektor in Zusammenhang mit dem sich anbietendem und aktuellem Fallbeispiel Atomausstieg diskutiert.

Der Schlussteil der Arbeit beschäftigt sich mit der Zugangsproblematik zu Energierohstoffen, den globalen Nutzungsstrukturen in Relation zu ihrem Vorkommen und einer abschließend wegweisenden Nutzungs- und Organisationsmöglichkeit zur Energieversorgung.

2   Übersicht des Themas

Deutschland hat bis auf seine Kohlevorkommen keine wesentlichen inländischen Energierohstoffe aufzuweisen und daher zur Deckung seines Primärenergiebedarfs (PEB) weitestgehend vom Import der Primärenergieträger angewiesen (Wagner 2007:61).

Da der Verbrauch sich zu ca. 80 % auf die fossilen, also erschöpfbaren Energieträger Erdöl, Erdgas und Kohle verteilt (Wagner 2007:63) und diese zunehmend knapper ,teurer und Gegenstand geopolitischer Konflikte werden ist die zukünftige Energieversorgung Deutschlands eine heikle Herausforderung (BMWI 2006:16) und erfordert ein Gesamtkonzept, welches sich auf die Prämissen der Versorgungssicherheit, der Wirtschaftlichkeit, sowie der Umweltverträglichkeit stützt (BMWI 2010: Homepage- Energie). Die Rahmenbedingungen zur Energieversorgung werden vom Staat Deutschland und der europäischen Union geschaffen. Insbesondere die Liberalisierung der Strom- und Gasmärkte 1998 leitete eine neue Wettbewerbsordnung innerhalb der EU ein, um das Ziel einer möglichst wirtschaftlichen Energieversorgung zu gewährleisten. Mit der Einführung des Zertifikatenhandels für Treibhausgasemissionen und dem EEG wurden Grundlagen für den Umweltschutz gelegt. Die fiskalischen Eingriffe spielen eine wichtige Rolle zur Sensibilisierung im Umgang mit den Ressourcen und setzen Anreize für alternative Energiegewinnungsmethoden wie den EE oder die Verbesserung von Wirkungsgraden und umweltfreundlichere Energiegewinnung aus fossilen Energieträgern (Schiffer 2008:38f.).

3   Bestimmung zum Vorkommen von Energierohstoffen

Um das Potential der schwindenden fossilen Energierohstoffe (ER) für die zukünftige Energieversorgung aufzustellen verwendet man die Kategorien Reserven und Ressourcen, wel-
che in der Summe das verbleibende Gesamtpotential eines Energierohstoffs bilden. Reserven stellen wirtschaftlich und technisch, jederzeit sicher abbaubare Rohstoffe dar. Als Ressourcen gelten zum Einen, aufgrund geologischer Umstände geschätzte Rohstoffvorkommen
für die es allerdings keine eindeutigen oder nur durch einzelne Bohrungen bestätigte Bewei-
se gibt. Zum anderen technisch oder wirtschaftlich aktuell nicht förderbare Ressourcen (Brücher 2009:26ff.). Ferner kann eine Einordnung in relativ kostengünstig gewinnbare konventionelle Energierohstoffe (ER), wie Erdöl und Erdgas, sowie unkonventionellen (ER), die nur
durch hohen Kapital und Energieeinsatz gefördert werden können vorgenommen werden.
Dazu gehören z.b Ölsande und Gashydrate (Rempel 2008:22f.). Aufgrund der Hauptabhän-
gigkeit von Erdöl und Erdgas in Kombination mit langfristig steigenden Preisen werden un-
konventionelle (ER) zunehmend an der Energieversorgung beteiligt sein (Böcker/Welte
2006:31).

3.1   Klassifizierung der Energieträger

Energieträger beinhalten eine spezifische Energiedichte die durch technisch herbeigeführte
Umwandlungsprozesse das Energiepotential eines Energieträgers spezifisch nutzbar ma-
chen können. Die „[...] Energieträger werden exploriert, gefördert, (mehrmals) transportiert,
und gelagert, umgewandelt und konsumiert" (Brücher 2009:36). Der Nachfrager von Energie
bezieht eine derivierte Energiedienstleistung aus dem Bedarf heraus Wärme, Licht, Kühlung
oder mechanischer Kraft nutzen zu wollen(Schiffer 2008:28). Unter Umwandlungsverlusten
bei der Transformation von Primär- über Sekundärenergie in Endenergie, gelangt die Energie letztlich als zweckgerechte Nutzenergie zum Endverbraucher (Brücher 2009:24f.).
Original in der Natur vorkommende und technisch noch nicht umgewandelte Energieträger
werden als Primärenergieträger bezeichnet. Aus Primärenergieträgern durch technische
Umwandlungsprozesse erzeugte Energie wird als Sekundärenergie (u.A. Elektrizität, Benzin)
bezeichnet. Elektrizität ist kein Energieträger, sondern eine Energieform (Brücher 2009:23).
Man differenziert zwischen nicht erneuerbaren fossilen Brennstoffen (Erdöl, Erdgas, Kohle),
Kernbrennstoffen (Uran, Plutonium, Thorium) und erneuerbaren Energien (Sonnenenergie,
Wind,- Wasserkraft, Geothermie, Biomasse) (Schiffer 2008:25f.). Für den Gesamtenergie-
verbrauch wird der Indikator des Primärenergieverbrauchs herangezogen, um der oben be-
schriebenen Prozesskette gerecht zu werden (Erdmann/Zweifel 2008:24). Zu erwähnen sei
noch die Unterscheidung zwischen leitungsungebundenen Energieträgern wie Öl und Kohle,
die relativ kostengünstig transportiert werden können und den leitungsgebundenen wie Erd-

gas, Elektrizität und Fernwärme. Diese können nur unter hohem Kapital- und Infrastruktur-
aufwand vom Produzenten zum Verbraucher befördert werden, sodass eine möglichst ma-
ximale Auslastung des Energieträgers in wirtschaftlicher Sicht erstrebenswert ist. Ferner
kommt es beim Transport im speziellen bei Fernwärme zu Energieverlusten. Die erhöhten
Kosten werde an den Verbraucher weitergegeben (Wagner 2007:108 ff.).

3.2 Determinanten für den Energieverbrauch

Die demographische Entwicklung Deutschlands ist geprägt durch die seit Anfang der Neun-
ziger Jahre gestiegene Bevölkerungszahl, die gegenwärtig allerdings wieder abnimmt. Mit
steigender Bevölkerungszahl erhöht sich auch die zu beheizende Wohnfläche und die Anzahl an PKW-Zulassungen. Viel entscheidender ist noch die Anzahl der Haushalte, die aufgrund des Trends zu einer älteren Gesellschaft mit weniger Familienhaushalten und mehr
Singlehaushalten zu einem Anstieg des Energieverbrauchs von 2 % seit 1990 geführt hat
(BMWI 2009:13). Aufgrund der traditionell hohen Erzeugung von der sehr energieintensiven
Produktion von industriellen Grundstoffen wird der Energieverbrauch in Deutschland stark
durch eben solche Industrien beeinflusst (BMWI 2009:22).Inwiefern sich das Wirtschaftswachstum auf den Energieverbrauch auswirkt hängt zum einen auf das gesamtwirtschaftli-
che Wachstum und insbesondere auf die sektorale Verteilung des Wirtschaftswachstum,
aber auch von den Bemühungen der Industrie Energie effizienter zu nutzen und zu sparen
ab (BMWI 2009:13f.). Dabei spielt der Gesetzgeber mit seinen ordnungspolitischen Eingrif-
fen und gezielter Fiskalpolitik eine entscheidende Rolle (BMWI 2009:13f.).

In Deutschland führt ein Anstieg des Wirtschaftswachstums nicht mehr umgehend zu einem
Anstieg des Energieverbrauchs, sodass ein weitestgehend stabiler Energieverbrauch von
14.238 (PJ) (2005), der witterungsbedingt leicht variieren kann vorliegt (BMWI 2006:23). Be-
dingt wird diese Entkopplung durch technologischen Fortschritt und der sensibleren und ver-
nünftigeren Nutzung von Energie, sowie gewandelten Wirtschaftsstrukturen (BMWI 2010:
Homepage- Energiegewinnung und Energieverbrauch). Der Stromverbrauch ist von 1990-
2005 allerdings noch um 11% auf 611 TWh gestiegen (BMWI 2006:11). Aufgrund des bevor-
stehenden Atomausstiegs und der zukünftig weiter steigender Nachfrage nach Energierohstoffe vor allem durch Entwicklungsländer und der höheren Abhängigkeit von Ressourcen
und Reservevorkommen in politisch instabilen Regionen ist eine Entkopplung von Wirtschaftswachstum und Verbrauch in Deutschland durch die zukünftig unsichere Preisfrage für
Energierohstoffe kein Grund zur Vernachlässigung der Versorgungssicherheit (BMWI
2006:20f.).

4   Bestandsaufnahme- Energieverbrauch und Importabhängigkeit in Deutschland

In Abb. 1 ist der Energieverbrauch nach Primärenergieträgern grafisch dargestellt. Mit 34,6% hatte Mineralöl (2009) den weitaus größten Anteil am Primärenergieverbrauch (PEV) in Deutschland. Danach folgen Erdgas mit 21,7 %, Braun- und Steinkohle mit 11,4 % und 11,1 %. Kernenergie ist zu 11 % beteiligt, während Wasser und Windkraft1 zusammen 1,5 % ausmachen. Die Sonstigen Energieträger unter denen Biomasse eine immer größere Rolle spielt sind mit 9 % angeführt. Das Außenhandel-Stromsaldo betrug -0,4 %. (BMWI 2010: Homepage- Energiestatistiken) Die EE hatten (2009) einen Anteil von 8,9 % am Primärenergieverbrauch. Wichtig bei der Betrachtung ist die genaue Differenzierung der herangezogenen Verbrauchsindikatoren, um kein verfälschtes Bild über den Nutzen einzelner Energiebranchen zu erlangen. Der Anteil der EE am Endenergiebrauch lag (2009) schon bei 10,1 %, der am Bruttostromverbrauch sogar bei 16,1 % (BMU 2010:4). An dieser Stelle sollen auch die durch EE 107,1 t vermiedener CO2-Emissionen nicht unerwähnt bleiben (BMU 2010:6).

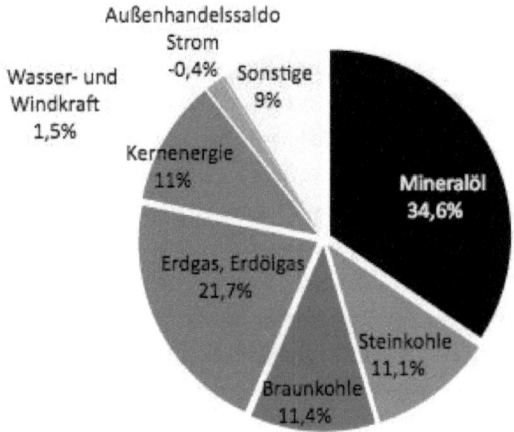

Abb.1 Primärverbrauch nach Energieträgern in Deutschland (2009) (eigene Darstellung)

Wie in Abb. 2 zu sehen ist, weißt die Energieversorgung Deutschlands eine hohe Importabhängigkeit von knapp über 70 % (2007) auf. Besonders drastisch stellt sich die Situation bei Mineralöl ein, das zu 97,7 % Importware ist, gefolgt von den zu mehr als vier Fünfteln importierten Erdgas (84,5%). Steinkohle wird trotz eigener Vorkommen zu 71,8 % importiert, da ihr Abbau sich als wirtschaftlich unrentabel darstellt. Einzig Braunkohle weißt einen Handelsüberschuss aus und wurde 2008 zu 1,4 % exportiert. Kernbrennstoffe werden zu 100 % im-

---

[1] *Windkraft ab 1995 und Fotovoltaik incl.*

portiert (BMWI 2010: Homepage- Energiestatistiken). Unter Berücksichtigung der vorgehaltenen Brennstoffvorräte ergibt sich bei der Kernenergie eine Energie-Importquote von 61 %, die aber ohnehin zu vernachlässigen ist, da die Kosten am Primärenergieträger Uran gemessen an den Gesamtkosten der Stromerzeugung in AKW marginal sind. Lediglich die Energieversorgung durch EE kann vollständig der Inlandsgewinnung zugeschrieben werden (Schiffer 2008:34).

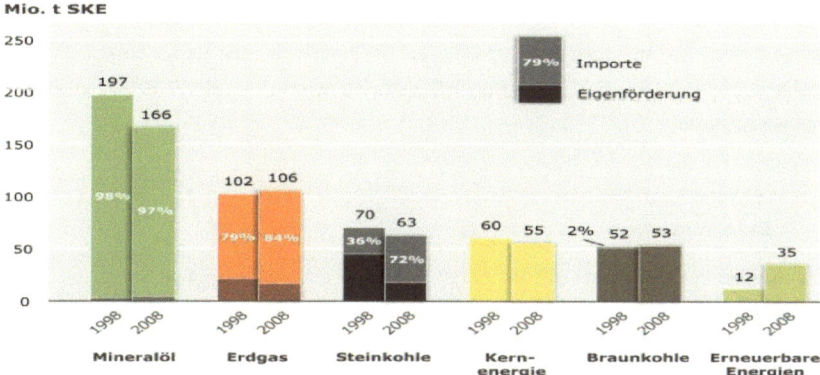

Abb. 2: Importabhängigkeit und Selbstversorgungsgrad Deutschlands bei einzelnen Primärenergie- trägern in den Jahren 1998 und 2008 (BGR 2008:7)

Insgesamt ist der Anteil von Importenergien zur Deckung des Bedarfs an Energieträgern von 57 % (1990) auf mittlerweile gut 75 % gestiegen (Voß 2006:11). Die Kosten haben sich dabei seit (1990) etwa 20 Mrd. Euro auf mehr als das doppelte 50 Mrd. (2005) gesteigert (Böcker/Welte 2006:33).

Bei den Endenergieverbrauchern differenziert man in die Gruppen private Haushalte, Industrie, GHD und den Verkehrssektor. Im Wärmemarkt nimmt Erdgas mit 50 % den größten Marktanteil, vor Mineralöl 23 % (2003) ein. Kohle, Strom, Fernwärme und EE haben mit Anteilen unter 10 % noch geringe Bedeutung (Voß 2006:12). Im Wärmemarkt haben die EE mit 8,4 % (2009) jedoch schon einen bemerkenswerten Anteil der bisher vor allem durch Biomasse erreicht wird. In Bezug auf Solar- und Geothermie besteht noch Potential (BMU 2010:7).Der Verkehrssektor ist nahezu vollkommen von Mineralölprodukten abhängig. Elektrizität, Erdgas und Biokraftstoffe stellen zwar eine zukünftige Ergänzung in Aussicht, jedoch noch keine marktreife Alternative dar (Voß 2006:12). Allerdings ist durch das Biokraftstoffquotengesetz seit 2007 die Förderung von Biokraftstoffen vorhanden (BMWI 2008:72).

Der Endenergieverbrauch bei Strom liegt mit 818 PJ im Industriesektor am höchsten. Private Haushalte und GHD liegen beide bei knapp über 500 PJ. Im Verkehrssektor werden lediglich 59 PJ an Strom verbraucht, dafür entfallen mit 2390 PJ beim Mineralöl-

Endverbrauch, der zu 99 % der mechanischen Nutzung dient, die größten Anteile. Die anderen Verbrauchsgruppen liegen zwischen 160 PJ Industrie und 440 PJ bei den Haushalten. Bei der Nutzung von Energie für Raumwärme dominiert der Energieträger Gas und wird zu 978 PJ von privaten Haushalten und mit 800 PJ von der Industrie verbraucht. Der Verbrauch von Kohle wird größtenteils in der Industrie in Form von Prozesswärme 66 % genutzt und geht mit 577 PJ in die Statistik ein. Private Haushalte haben immerhin noch einen Kohleverbrauch von 244 PJ. Alle Angaben beziehen sich auf das Jahr 2008 (BMWI 2009:23f.). Aufgrund der Menge an absoluten Datenangaben wurden nur die markantesten Zahlen genannt. Der Verbrauch teilt sich relativ gleichmäßig auf die Haushalte, den Verkehrsektor und die Industrie auf (29, 28,2 und 27,4 %). Auf GHD entfallen nur 15,4 % (BMWI 2010:Homepage-Energiestatistiken).

5   Der Stromsektor

2008 wurden in Deutschland 639 Mrd. kWh Elektrizität erzeugt, was einen Anteil von 39 % des gesamten PEVs ausmacht. Dabei entfielen 29 % auf Kernbrennstoffe, 26 % auf Braunkohle, 22 % auf Steinkohle, 14 % auf Gas und 8,4 % auf übrige Energieträger (BMWI 2009:21). Die EE trugen (2008) mit 15,2 % einen sehr bedeutenden Anteil zur deutschen Stromerzeugung bei (BMU 2010:7). Die Produktion von Strom ist wie der Anteil von 39 % am PEV zeigt eine sehr wichtige Komponente im Energieportfolio. In Hinblick auf die Erzeugung sollte eine möglichst kosten- und zugleich umweltgünstige, aber auch in Hinblick auf die verbleibenden Reichweiten der Energieträger berücksichtigte Stromproduktion erfolgen.

Strom wird mit wechselnder Intensität nachgefragt, sodass zur Aufrechterhaltung der Netzfunktionalität bestimmte Spannungs- und Frequenzwerte erzeugt werden müssen. Nur durch gezieltes Lastmanagement kann eine rund um die Uhr raumdeckende Verteilung von Strom zwischen Produzent und Konsument gewährleistet werden. Man kann also von einer Dienstleistung nach dem Uno-actu Prinzip sprechen, dessen Koordinierung ein starkes Machtpotential zur Raumkontrolle darstellt (Brücher 2007:143 ff.).

Zur durchgehenden Netzstabilität tragen die Grundlasterzeugenden Braun- und Atomkraftwerke mit 49 % und 45 % (2008) fast 100 % der Grundlasterzeugung, sodass sich vor dem Hintergrund des beschlossenen Atomausstiegs und der Einhaltung von CO2- Einsparung die Frage stellt wie und ob die Grundlastversorgung ohne AKW sichergestellt werden kann. EE und Gaskraftwerke eignen sich aus wirtschaftlichen und technischen Gründen nur zur Erzeugung von Mittel- und Spitzenlast. Energieeffizienz und Sparmaßnahmen reichen nach bisheriger Implementierung nicht aus um 2020 den Wegfall des Atomstroms zu kompensieren. Die alleinige Deckung der Grundlast durch Steinkohle ist aufgrund 50 %tigen Preisanstiegs seit dem Atomausstiegsbeschluss und der hoch priorisierten Klimaschutzrolle nur schwer denkbar (BMWI 2008:6ff.).

„Fakt ist, dass die Versorgungslücke, die ein Abschalten der Kernkraftwerke zur Folge hätte, zwangsläufig zu einer noch höheren Abhängigkeit von den fossilen Energieträgern führen würde."(Hillemeier 2006:8) Die Vermeidung einer Stromlücke soll anhand von Szenarien denen gleiche Referenzannahmen (REF) hinsichtlich demographischer und gesamtwirtschaftlicher Entwicklung Deutschlands und der geopolitischen Situation weltweit zu Grunde liegen durchgespielt werden. Das Ziel einer Energieversorgung mit gegenüber 1990 bis 2020 (35 %), 2030 (50 %) und 2050 (80 %) reduzierten CO2-Emission muss dabei vereinbar sein. Das Szenario ,Präferenz EE' (PEE) forciert den Ausbau der EE, sodass 2050 75% der gesamten Stromversorgung durch EE gedeckt werden können. Die Stromproduktion aus Kohle läuft aus, Erdgas bleibt wichtig. Im ,Clean Coal Technologies' (CCT) wird auf eine starke Effizienzsteigerung fossiler Energieträger gesetzt. Die Klimaschutzauflagen sollen durch neue Methoden zur Abtrennung und Deponierung von CO2 eingehalten werden. Kohle deckt zu über 50 % die Stromerzeugung. Das Szenario ,Effiziente Ressourcennutzung' (ERN) sieht eine Vereinbarkeit von ökologischer und ökonomischer Energiedeckung durch den Einsatz der effizientesten Energietechnologien, demnach vor allem der Atomkraft. Sie wird 2050 in Kombination mit Wärmepumpennutzung 86 % der Stromerzeugung decken (Voß 2006:17ff.). Abb. 3 zeigt den Anteil der einzelnen PE zur Nettostrombereitstellung in den Szenarien.

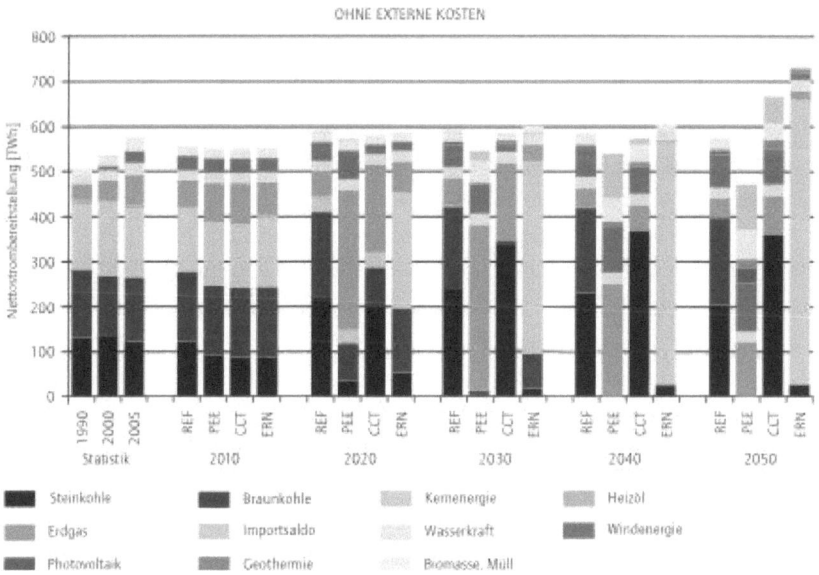

Abb.3 Nettostrombereitstellung nach Energieträgern im Szenarienvergleich (Voß 2006:19)

9

Die Kosten der Strombereitstellung fallen, aufgrund der unterschiedlichen Stromgestehungs-
kosten der verschiedenen Technologien sehr unterschiedlich aus. Die mittleren Stromgeste-
hungskosten liegen im (REF) bei 4,3 / (PEE) 9,8 / (CCT) 5,4 / (ERN) 2,5 cent/KWH. Akku-
muliert bedeute dies für die Szenarien (PEE) und (CTT) im Vergleich zum (REF) Mehrkosten
von 593- und 262 Mrd. Euro, während (ERN) Einsparungen von 259 Mrd. Euro zuließe. Die
Szenarien haben gezeigt, das die Stromversorgung ohne Kernkraft deutlich teurer wäre und
ein Atomausstieg die zweifelsfrei kosteneffizienteste Technologie zu unrecht diskriminiert
und die Versorgungssicherheit problematisch werden könnte (Voß 2006:19).

6   Energierohstoffe- Zugangsproblematik

Der mit Abstand wichtigste Lieferant für Deutschlands Energieimporte ist Russland. Die Im-
porte von Erdgas, Rohöl und Steinkohle aus Russland beliefen sich (2007) auf 22 % der
Gesamtenergieversorgung Deutschlands. Es folgen die Länder Norwegen, Niederlande und
Großbritannien. Öl wird aus Libyen, Kasachstan, Syrien, Aserbaidschan, Algerien, Saudi-
Arabien und Venezuela bezogen. Aus Russland, Polen, Südafrika, Kolumbien, Australien,
USA und Kanada wird Steinkohle bezogen. Damit wurden (2007) Energierohstoffe im Wert
von 82 Mrd. Euro (11 % der gesamten Handelseinfuhren) eingekauft. Mit 38 Mrd. Euro für Öl
und 18 Mrd. Euro für Erdgas entfällt auf diese beiden Posten der größte Anteil (Schiffer
2008:37). Es wird oft von einem ausgewogenem Energiemix gesprochen wird, obwohl nur
vier bis fünf Länder drei Viertel des deutschen Öl-, Gas- und Steinkohlebedarfs abdecken
(Böcker/Welte 2006:33).

Die Erdgas,- und konventionellen Erdölreserven verteilen sich zu etwa 70 % in der ‚strategi-
schen Ellipse‘ Sibiriens, dem kaspischen Raum und dem Persischen Golf (BGR 2009:29).
Theoretisch hat Deutschland dank Russland und Nordafrika Zugang zu 46 % des verbleibenden Erdgaspotentials, den Nahen Osten hinzugerechnet sogar ca.73 %. Verglichen mit
anderen Märkten befindet sich Deutschland also in einer komfortablen Position im Erdgas-
markt, zumal gerade für den sehr kapitalintensiven Transport von Erdgas die geographische
Nähe von großem Vorteil ist (Rempel 2008:24).

Zuweilen durch die geschickte Politik Europas gegenüber Russland, aber auch dem bisher
ausschließlich wirtschaftlich motivierten Verkauf an Europa als Großabnehmer ist es bisher
ohne größere Zwischenfälle gelungen Deutschland mit russischem Erdgas zu versorgen.
Allerdings entsteht durch die zu 30 % erfolgende Erdgasversorgung aus Russland eine sehr
hohe Abhängigkeit, die nicht zuletzt durch das Auftreten neuer großer Player wie China und
Japan in Zukunft zur Achillesferse der deutschen Energieversorgung führen könnte. Russland wäre dann nicht mehr ausschließlich auf seine europäischen Abnehmer angewiesen.

Der Spielraum Russlands für steigende Erdgaspreise und politisch motivierte Lieferengpässe wird vor diesem Hintergrund steigen (Wagner 2007:143).

Der politische Zugang zu Energierohstoffen bleibt eine der wichtigsten Vorraussetzungen zur Sicherung der deutschen Energieversorgung und erfordert eine kluge Energiepolitik, die sowohl als Außenpolitik, als auch als Wirtschaftspolitik fungiert (Wagner 2007:145). Das bisher eher passive Auftreten hinsichtlich einer aktiven Beteiligungen an ausländischen Öl- und Gasproduktionen schränkt Deutschland auf die Energiegewinnung durch Kohle ein (Böcker/Welte 2006:36). Ein stärkeres Engagement bei der Suche und Gewinnung von Energierohstoffen und Bemühungen in Auslandskooperationen wären wünschenswert (Böcker/Welte 2006:37).

6.1 Problematik der Rohstoffnutzung- Vorkommen- und Verbrauchsstruktur

Die Tatsache, dass die Kohlereserven der Welt doppelt so groß sind, wie die von Erdöl und Erdgas zusammen und es sich beim Verbrauch genau anders herum verhält zeigt sehr deutlich auf, das die Nutzung der fossilen Energieträger in naher Zukunft den Reservenvorkommen angepasst werden muss (Wagner 2007:131). Bis 2030 kommt es allerdings laut IEA bei den fossilen Energien zu keinen gravierenden Engpässen, obgleich die Abhängigkeit von politisch und ökonomisch instabilen Förderregionen zunimmt, was Aspekte der Versorgungssicherheit und der Wirtschaftlichkeit zunehmend gefährde (BMWI 2006:6).

Aufgrund der sehr ähnlichen Verbrauchsstruktur Deutschlands mit der Welt ist die Anführung globaler Kennzahlen wie Abb. 3 zeigt möglich (Böcker/Welte 2006:28).

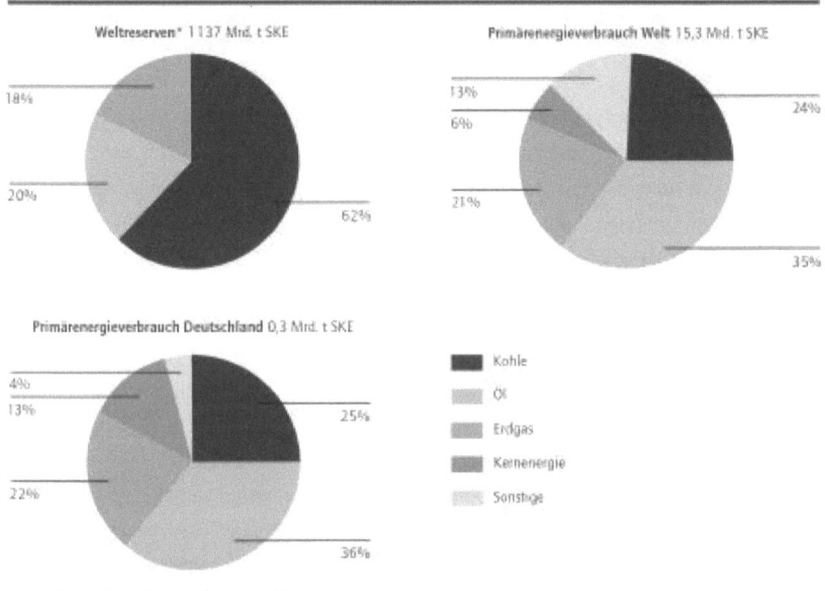

Weltreserven* 1137 Mrd. t SKE

18%
20%
62%

Primärenergieverbrauch Welt 15,3 Mrd. t SKE

13%
6%
24%
21%
35%

Primärenergieverbrauch Deutschland 0,3 Mrd. t SKE

4%
13%
25%
22%
36%

Kohle
Öl
Erdgas
Kernenergie
Sonstige

* ohne nicht-konventionelle Kohlenwasserstoffe

Abb. 4 Reserven und Verbrauch im Vergleich. (Böcker/Welte 2006:30)

Laut Schätzung der International Energy Agency (IEA) wird der Anteil von Erdöl, Erdgas und Kohle (2030) am Gesamtverbrauch weltweit 81 % betragen und nur 15 % von EE gedeckt werden, bei denen Wasserkraft die tragende Rolle spielt, während Wind- und Solarenergie begrenzt bleiben, sodass eine Fokussierung auf die EE als Lösung der Energiefrage fahrlässig wäre (Böcker/Welte 2006:23).

Die von Medien oft verschärfte Problematik ausgehender fossiler Energieträger verdeckt die Tatsache, das unter Berücksichtigung unkonventioneller fossiler Energieträger die Energieversorgung aus diesen noch deutlich länger möglich ist. Allerdings zu stark erhöhten und volkswirtschaftlich schwer zu tragenden Preisen, sodass die Einsatzfelder für die (PE) überdacht werden sollten. Laut Böcker/Welte müsse man Öl und Gas hauptsächlich für die Mobilitätsdeckung und in der Chemie verwenden. Zur Kraft- und Wärmeerzeugung bietet sich Kohle an (Böcker/Welte 2006:31). Zur Veranschaulichung der Preisauswirkung soll folgendes Beispiel dienen. *„Eine 12 Monate andauernde Erhöhung des Ölpreises auf dem Weltmarkt um 10 US -$ pro Barrel bedeutet für die entwickelten Industrienationen einen gesamtwirtschaftlichen Wachstumsverlust von 0,3 bis 0,5 Prozent im Jahr."* (Böcker/Welte 2006:34)

6.2   Blick in die Zukunft

Eine Energieversorgung mit umweltfreundlicher Struktur durch Unterstützung der EE ist erstrebenswert, darf aber nicht durch unverhältnismäßigen Einsatz von Kapitalmitteln zur Überförderung einzelner und Diskriminierung anderer Technologien führen. Im Ansatz gut gemeinte Instrumente zur Einflussnahme auf den Umgang mit Ressourcen, wie der Emissionshandel sind marktwirtschaftlich gesehen ein sich nachteilig auswirkender Standortfaktor für Europa. Und in der Zielabsicht, nämlich der Verminderung der Co2-Emissionen unbrauchbar, so lange sich die Regelung nur auf dem europäischen Markt wiederfindet. Es kommt zur Verlagerung von CO2-Emissionen in Länder ohne Auflagen. Die Pionierrolle in den Umweltfreundlichen Techniken muss genutzt werden, um durch ihren Export in aufstrebende Entwicklungs- und Schwellenländer CO2- Emissionen präventiv entgegen zu wirken (Böcker/Welte 2006:35).

Neu diskutiert werden muss auch der Atomausstieg, da die entstehende Stromlücke realistisch gesehen nur durch Kohle und unzureichend durch Gas und EE geschlossen werden kann. Dadurch stiege der Gasverbrauch und somit die ohnehin schon kritische Importabhängigkeit dieses teuren Primärenergieträgers, der für die Grundlast indiskutabel ist. EE sind aufgrund mangelnder Speicherkapazitäten für Strom und dem somit nur schwer beherrschbaren fluktuativen Angebot in absehbarer Zeit nicht grundlastfähig und können den wegfallenden Strom aus AKW nicht ersetzen. Letztendlich führt ein Atomausstieg zur intensiveren Nutzung von Energie auf Kohlebasis, die nicht gerade durch Umweltfreundlichkeit besticht, allerdings die größte Reichweite aller fossilen Energieträgern besitzt (Böcker/Welte 2006:36).

7   Fazit

Die deutsche Energieversorgung ist und bleibt auch zukünftig trotz des enormen Ausbaus der EE zum großen Teil abhängig von fossilen Energieträgern. Diese müssen bis auf Kohle fast ausschließlich importiert werden. Aufgrund der weltweiten demographischen Entwicklung und dem wachsendem Energiehunger der aufstrebenden Entwicklungs- und Schwellenländer, allen voran China und Indien, könnten das Preisniveau und die Zugangsmöglichkeiten zu den endlichen Energierohstoffen zunehmend zum belastenden Faktor der deutschen Volkswirtschaft und den Privathaushalten werden. Bei der Sicherstellung der Energieversorgung besteht ein Konflikt zwischen den drei Leitaspekten des Prämissendreiecks: Versorgungssicherheit, Wirtschaftlichkeit und Umweltverträglichkeit. Es bleibt abzuwarten, ob der geplante Atomausstieg trotz nahezu perfekter Erfüllung der drei Leitprämissen durch diese Technologie durchgesetzt werden kann, ohne die deutsche Wirtschaft zu stark zu belasten. Es ist auch nicht auszuschließen, das die Kohleverstromung aufgrund des Wegfalls der AKW, den eigenen Vorkommen und neuer Technologien eine Renaissance erlebt. Unter hohem Investitionsaufwand könnten die neuen Off-Shore Windparks und Photothermie-Strom aus Nordafrika einen Teil der Grundlastversorgung tragen. Einen Königsweg gibt es nicht. Diese Arbeit soll einen groben Überblick dieser Problematik verschafft haben.

Literaturverzeichnis

BUNDESANSTALT FÜR GEOWISSENSCHAFTEN UND ROHSTOFFE (BGR) (2008):
Reserven, Ressourcen und Verfügbarkeit von Energierohstoffen 2008. Hannover.

BUNDESANSTALT FÜR GEOWISESSENSCHAFTEN UND ROHSTOFFE (BGR) (2009):
Reserven, Ressourcen und Verfugbarket von Energierohstoffen- Kurzbericht 2009.
Hannover.

BUNDESMINISTERIUM FÜR WIRTSCHAFT UND TECHNOLOGIE (BMWI) (2010)
http://www.bmwi.de/BMWi/Navigation/Energie/ziele-der-energiepolitik.html
abgerufen Im April 2010.

BUNDESMINISTERIUM FÜR WIRTSCHAFT UND TECHNOLOGIE (BMWI) (2010)
http://www.bmwi.de/BMWi/Navigation/Energie/energiestatistiken,did=17665
4.html abgerufen im April 2010.

BUNDESMINISTERIUM FÜR WIRTSCHAFT UND TECHNOLOGIE (BMWI) (2009):
Energie in Deutschland- Trends und Hintergründe zur Energieversorgung in Deutschland. Berlin.

BUNDESMINISTERIUM FÜR WIRTSCHAFT UND TECHNOLOGIE (BMWI) (2008):   Be
richt der Bundesregierung zur Öl- und Gasmarktstrategie. Berlin.

BUNDESMINISTERIUM FÜR WIRTSCHAFT UND TECHNOLOGIE (BMWI) (2008): Sichere,
bezahlbare und umweltverträgliche Stromversorgung in Deutschland- Geht es ohne
Kernenergie? Berlin.

BUNDESMINISTERIUM FÜR WIRTSCHAFT UND TECHNOLOGIE (BMWI) (2006):
Energieversorgung für Deutschland- Statusbericht für den Energiegipfel am 3. April
2006. Berlin.

BUNDESMINISTERIUM FÜR UMWELT, NATURSCHUTZ UND REAKTORSICHER-   HEIT
(BMU) (2010): Entwicklung der erneuerbaren Energien in Deutschland im   Jahr
2009. Berlin.

Böcker, D./Welte, D. H. (2006): Sichere Fossile Primärenergie- Eine Achillesferse von Wirtschaft und Politik. In: Bernd Hillemeier (Hrsg.) (2006): Die Zukunft der Energieversorgung in Deutschland- Herrausforderungen, Perspektiven, Lösungswege. Stuttgart:
raunhofer IRB.

Brücher, W. (2009): Energiegeographie- Wechselwirkung zwischen Ressourcen, Raum und
Politik. Berlin/Stuttgart: Gebrüder Borntraeger.

Rempel, H. (2008): Globale Verfügbarkeit nicht-erneuerbarer Energierohstoffe. In: Geographische Rundschau H.1 (2008), S. 22-31.

Erdmann, G./Zweifel, P. (2008): Energieökonomik- Theorie u. Anwendung. Berlin: Springer.

Hillemeier, B. (2006): Wege zu einer nachhaltigen Energieversorgung in Deutschland. In: Bernd Hillemeier (Hrsg.) (2006): Einleitung und Motivation. Stuttgart: Fraunhofer IRB.

Voß, A. (2006): Wege zu einer nachhaltigen Energieversorgung in Deutschland. In: Bernd Hillemeier (Hrsg.) (2006): Die Zukunft der Energieversorgung in Deutschland- Herrausforderungen, Perspektiven, Lösungswege. Stuttgart: Fraunhofer IRB.

Wagner, H. J. (2007): Was sind die Energien des 21. Jahrhunderts- Der Wettlauf um die Lagerstätten. Frankfurt a. M. :Fischer.